BEI GRIN MACHT SICH IHR WISSEN BEZAHLT

- Wir veröffentlichen Ihre Hausarbeit,
  Bachelor- und Masterarbeit

- Ihr eigenes eBook und Buch -
  weltweit in allen wichtigen Shops

- Verdienen Sie an jedem Verkauf

Jetzt bei www.GRIN.com hochladen
und kostenlos publizieren

Jan Werner

Einführung in die Energiewirtschaft (Konventionelle Energie)

GRIN Verlag

Bibliografische Information der Deutschen Nationalbibliothek:

Die Deutsche Bibliothek verzeichnet diese Publikation in der Deutschen National-
bibliografie; detaillierte bibliografische Daten sind im Internet über http://dnb.d-
nb.de/ abrufbar.

Dieses Werk sowie alle darin enthaltenen einzelnen Beiträge und Abbildungen
sind urheberrechtlich geschützt. Jede Verwertung, die nicht ausdrücklich vom
Urheberrechtsschutz zugelassen ist, bedarf der vorherigen Zustimmung des Verla-
ges. Das gilt insbesondere für Vervielfältigungen, Bearbeitungen, Übersetzungen,
Mikroverfilmungen, Auswertungen durch Datenbanken und für die Einspeicherung
und Verarbeitung in elektronische Systeme. Alle Rechte, auch die des auszugsweisen
Nachdrucks, der fotomechanischen Wiedergabe (einschließlich Mikrokopie) sowie
der Auswertung durch Datenbanken oder ähnliche Einrichtungen, vorbehalten.

Impressum:

Copyright © 2006 GRIN Verlag GmbH
Druck und Bindung: Books on Demand GmbH, Norderstedt Germany
ISBN: 978-3-638-76638-8

Dieses Buch bei GRIN:

http://www.grin.com/de/e-book/64535/einfuehrung-in-die-energiewirtschaft-kon-
ventionelle-energie

GRIN - Your knowledge has value

Der GRIN Verlag publiziert seit 1998 wissenschaftliche Arbeiten von Studenten, Hochschullehrern und anderen Akademikern als eBook und gedrucktes Buch. Die Verlagswebsite www.grin.com ist die ideale Plattform zur Veröffentlichung von Hausarbeiten, Abschlussarbeiten, wissenschaftlichen Aufsätzen, Dissertationen und Fachbüchern.

Besuchen Sie uns im Internet:

http://www.grin.com/

http://www.facebook.com/grincom

http://www.twitter.com/grin_com

Energiewirtschaft

Konventionelle Energie

Autor:	Jan Werner
Lehrveranstaltung:	BLOCKSEMINAR Ökonomie, Ökologie, Umweltbildung WS 2005/2006
Datum:	04.02.2006

INHALTSVERZEICHNIS

I. EINFÜHRUNG

1. Definition *Energiewirtschaft* und *Energieträger*

Unter *Energiewirtschaft* versteht man einen Wirtschaftszweig, der die Gewinnung, Umwandlung und Verteilung der Energie umfasst. Die Wirtschaft und Bevölkerung hängen
direkt von ihr ab. Es werden zwei Formen an *Energieträgern*[1] unterschieden: Primär-
energieträger sind Braun- und Steinkohle, Erdöl, Erdgas, Holz, Kernbrennstoffe, Wasser, Sonne und Wind; also die in der Natur in ihrer ursprünglichen Form vorkommenden
Energieträger. Die Sekundärenergie ist in Steinkohlekoks, Briketts, Mineralölerzeugnis-
se, Kokereigas, in Wärmekraftwerken erzeugter Strom etc. umgewandelte Energie, die
dem Endverbraucher als Endenergie zugefügt wird. (Leser 2005, S. 189, 703, 833)

2. Deutschlands Energie-Mix und konventionelle Energie

Abb. 1 zeigt den aktuellen anteiligen Primärenergieverbrauch der Deutschen. Den
Hauptanteil nimmt das Mineralöl ein. Die *konventionelle Energie* umfasst die fossilen
Energien (Kohle, Erdöl und Erdgas) sowie die Atomkern-Spaltungs-Energie und wird im
Mittelpunkt des folgenden *Hauptteils* stehen. Im Gegensatz zu den konventionellen
Energien stehen die *erneuerbaren Energien* wie Wasserkraft, Windenergie, Sonnen-
licht, Biomasse und Erdwärme. (Heinloth 1997, S. XI-XIII)

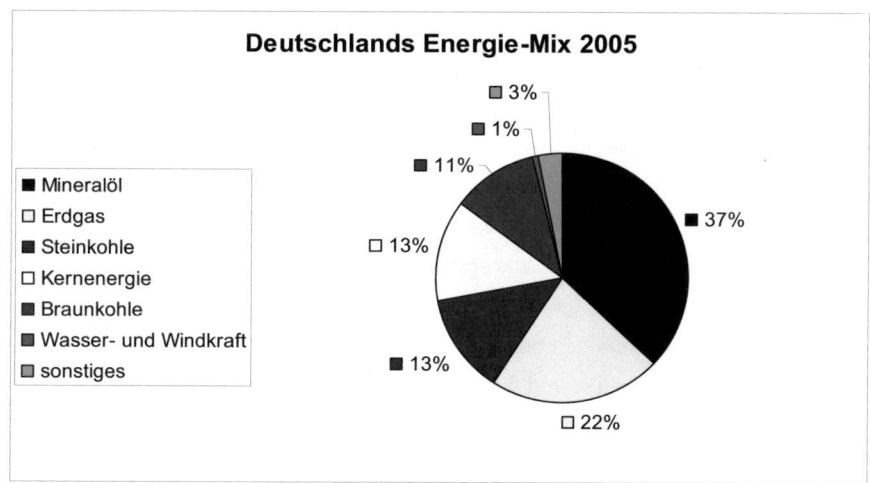

Abb. 1: Anteile am Primärenergieverbrauch, 1. bis 3. Quartal 2005 (nach BNN 2006)

---

[1] Energieträger: Stoffe, die Energie in sich speichern. (Leser 2005, S. 189)

II. HAUPTTEIL

1. Atomenergie/Kernenergie

1.1 Definition

Atomenergie/Kernenergie ist die bei Kernreaktionen[2] freiwerdende und nutzbar ge-
machte Wärmeenergie. Sie wurde 1938/39 von O. Hahn, L. Meitner, O. R. Frisch und F.
Straßmann im Zuge der Uranspaltung entdeckt. Die auseinander fliegenden Spaltpro-
dukte erzeugen hohe kinetische Energie (Bewegungsenergie). (Götz 2002; Leser 2005, S.
422)

1.2 Funktionsweise eines Kernkraftwerkes

Die Abkürzung für ein, zwei oder mehrere *Kernkraftwerk(e)* ist *KKW*. Allgemeinsprach-
lich findet man auch die Bezeichnung *Atomkraftwerk*, Abkürzung *AKW*. Ein KKW wird
mit Kernreaktoren betrieben und ist in der Regel ein Dampfkraftwerk. In Deutschland
werden in Kernkraftwerken nur noch Druckwasserreaktoren (Abb. 2) (DWR) und Sie-
dewasserreaktoren (SWR) eingesetzt. Die in den westlichen Industrieländern üblichen
Blockgrößen liegen heute bei mehr als 1000 Megawatt□(MW) elektrischer Leistung.
(Brockhaus multimedial 2005)
Ein Kernkraftwerk mit DWR besitzt zwei Kühlkreisläufe, die hintereinander gekoppelt
sind (siehe Abb. 2). Im *Primärkreislauf* fördert eine Hauptkühlmittelpumpe das unter
hohem Druck stehende Kühlwasser in den Reaktordruckbehälter, wo es beim Durchtritt
durch den Reaktorkern erwärmt und einem Dampferzeuger zugeführt wird; von hier wird
es wieder zum Reaktordruckbehälter zurückgeleitet. In diesen übertragen die vom Pri-
märkühlwasser durchströmten Heizrohre die Wärme an das Wasser des *Speisewasser-
Dampf-Kreislaufs (Sekundärkreislauf),* das unter geringem Druck steht und verdampft
wird. Der erzeugte Sattdampf (Temperatur rund 280□°C, Druck 6,4□MPa) wird einer
Turbine zugeführt, die den Generator antreibt; außerdem beinhaltet der Sekundärkreislauf die Kühlung des Kondensators und die Umwandlung des Dampfes in Wasser.
(Brockhaus multimedial 2005; http://de.wikipedia.org/wiki/Kernkraftwerk)

---

[2] Kernreaktion: Umwandlung von Atomkernen durch verschiedene Zerfallsprozesse oder durch Be-
schuss. (Leser 2005, S. 423)

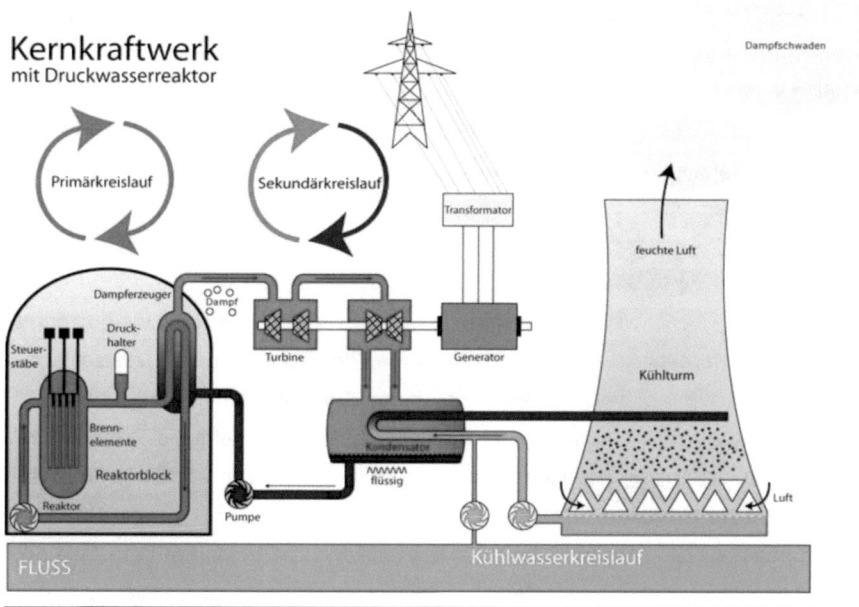

Kernkraftwerk
mit Druckwasserreaktor

Primärkreislauf

Sekundärkreislauf

Transformator

Dampfschwaden

feuchte Luft

Dampferzeuger

Dampf

Druck-
halter

Steuer-
stäbe

Turbine

Generator

Kühlturm

Brenn-
elemente

Reaktorblock

Kondensator

Reaktor

Pumpe

flüssig

Luft

FLUSS

Kühlwasserkreislauf

Abb. 2: Funktionsweise eines Druckwasserreaktors (http://de.wikipedia.org/wiki/Kernkraftwerk)

1.3 Wirtschaftliche Bedeutung der Kernkraft

Die insgesamt 18 deutschen KKW produzieren 2004 rund 167 Mrd. kWh Strom. Gemessen an der gesamtdeutschen Stromerzeugung beträgt der Anteil der Kernenergie ca. 30 %. Während Vertreter der deutschen Wirtschaft das „Aus" für die Kernenergie aus Gründen des Umweltschutzes fordern, erteilt die finnische Regierung im Februar 2005 die atomrechtliche Genehmigung zum Bau eines neuen KKW. Der DWR soll bis 2009 von einer dt.-frz. Firma schlüsselfertig geliefert werden. (Meyers Lexikonverlag 2005, S. 203, 204)

Die stärksten KKW weltweit

	KKW	Land	Mrd. kWh
1	Isar-2	Deutschland	12,24
2	Civaux-2	Frankreich	12,20
3	Civaux-1	Frankreich	11,80
4	Emsland	Deutschland	11,76
5	South Texas	USA	11,64
6	Brokdorf	Deutschland	11,61
7	Grohnde	Deutschland	11,33
8	Palo Verde-2	USA	11,23
9	Neckar-2	Deutschland	11,20
10	Kashiwazaki	Japan	11,19

Abb. 3: Stromerzeugung weltweit 2004
(Meyers Lexikonverlag 2005, S. 203)

Weltweit sorgen 441 KKW für 16 % der global benötigten Elektrizität. Mitte 2005 befinden sich 25 Atomanlagen in Bau. Grund für den Neubau atomarer Anlagen ist der durch das rasante Wirtschaftswachstum erhöhte Energiebedarf vor allem in Asien und Osteuropa. Dies ist das Ergebnis von Untersuchungen der Internationalen Atomenergie-Agentur (IAEA, Wien) und des World Energie Councils (WEC, London). Zudem steigen, zumindest in den westlichen Ländern die Anforderungen an die Sicherheit der Anlagen. Die USA planen im Jahr 2005 nach langer Zeit wieder ein KKW zu erbauen. Das letzte wurde 1973 genehmigt. Abb. 3 zeigt die weltweit stärksten Kernkraftwerke. (Meyers Lexikonverlag 2005, S. 204)

1.4 Atomausstieg in Deutschland

Der Atomausstieg ist ein wirtschaftpolitisches Schlagwort und bezeichnet die geordnete Beendigung der Kernenergienutzung. Die Regierung der Bundesrepublik Deutschland und die führenden Energieversorgungsunternehmen (EVU) einigen sich am 14.06.2000 auf eine Vereinbarung zum Ausstieg aus der Nutzung der Kernenergie, die einen wichtigen Beitrag zu einem umfassenden Energiekonsens darstellt. Am 11.06.2001 wird die »Vereinbarung zur geordneten Beendigung der Kernenergienutzung« von der Bundesregierung und den EVU (vertreten durch die Energiekonzerne HEW, EnBW, E.ON und RWE) unterzeichnet. Dabei wird für jedes einzelne Kernkraftwerk (gerechnet ab dem 01.01.2000) eine Strommenge festgelegt, die künftig noch produziert werden darf (Reststrommenge). Sie basiert auf einer vereinbarten Regellaufzeit von 32 Kalenderjahren nach Abzug der bisherigen Laufzeit. Sobald diese Strommenge erreicht ist, ist das Kernkraftwerk stillzulegen. Die Reststrommenge (das Produktionsrecht) kann auch von einem (älteren) Kernkraftwerk auf ein anderes übertragen werden, um die Wirtschaftlichkeit der Anlagen zu gewährleisten. Für die verbleibende Nutzungsdauer gewährleistet die Bundesregierung unter Einhaltung der atomrechtlichen Anforderungen den ungestörten Betrieb der Kernkraftwerke sowie deren Entsorgung. Die EVU werden an den Standorten der vorhandenen Kernkraftwerke oder in deren Nähe umgehend weitere Zwischenlager errichten. Seit dem 01.07.2005 ist die Entsorgung radioaktiver Abfälle auf die direkte Endlagerung[3] beschränkt. Bis zu diesem Zeitpunkt waren Transporte zur Wiederaufarbeitung von Brennelementen zulässig und die angelieferten Mengen durften verarbeitet werden. (Brockhaus multimedial 2005; http://www.bmu.de/atomenergie/doc/2708.php)

---

[3] Endlagerung: „Definitive Lagerung von radioaktivem Abfall ohne Absicht der Rückholbarkeit, woraus kerntechnische Sicherheit und Wartungsfreiheit resultieren. Die Endlagerung sieht zeitlich keine Befristung vor (...) [und] wird in Salzstöcken angestrebt." (Leser 2005, S.186)

2.   Fossile Brennstoffe

2.1   Kohle

Kohle ist ein fester Brennstoff pflanzlichen Ursprungs. In der Karbonzeit, vor 345 bis 280 Millionen Jahren, war ein großer Teil der Erde mit einer reichen Sumpfvegetation bedeckt. Viele dieser Pflanzen waren Farne, manche so groß wie Bäume. Diese Vegetation starb ab und wurde von Wasser bedeckt. Die zurückbleibenden Ablagerungen enthielten einen hohen Anteil an Kohlenstoff. Es bildeten sich Torfmoore. Im Lauf der Zeit lagerten sich Sand und Schlamm aus dem Wasser auf diesen Torflagerstätten ab. Der Druck dieser Deckschichten und die Bewegungen der Erdkruste lösten unter Einwirkung vulkanischer Hitze den Entstehungsprozess der Kohle aus. Kohle wird je nach ihrem Gehalt an gebundenem Kohlenstoff in verschiedene Arten eingeteilt. Ganz allgemein bezeichnet man den Prozess der Kohleentstehung als Inkohlung. Dieser Prozess ist allerdings chemisch noch nicht vollständig aufgeklärt. Nach dem heutigen Wissensstand ist die erste Stufe der Inkohlung der *Torf*. Der Gehalt an gebundenem Kohlenstoff im *Torf* ist niedrig, der Feuchtigkeitsgehalt hoch. In der *Braunkohle* ist der Kohlenstoffgehalt höher. *Steinkohle* enthält noch mehr Kohlenstoff und hat daher einen entsprechend höheren Heizwert. Unter dem Heizwert versteht man die Wärmemenge (in Kilojoule), die bei einer vollständigen Verbrennung einer definierten Menge (meist 1 Kilogramm oder 1 Kubikmeter) eines Stoffes freigesetzt wird. Anthrazit hat den höchsten Kohlenstoffgehalt und damit den höchsten Heizwert. Durch Einwirkung von noch mehr Druck und Hitze kann es zur Bildung von *Graphit* kommen, der im Prinzip nur aus Kohlenstoff besteht. Weitere Bestandteile der Kohle sind neben anderen flüchtige Kohlenwasserstoffe, Schwefel- sowie Stickstoffverbindungen und einige Mineralien, die bei der Verbrennung von Kohle als Asche zurückbleiben. (Microsoft Encarta 2005)

Oberirdischer Kohlebergbau

Abb. 4: Diese Aufnahme zeigt einen riesigen Schaufelradbagger beim Räumen im Abbaufeld Garzweiler I. (Microsoft Encarta 2003)

2.2   Gewinnung von Kohle

In den ersten Jahrzehnten der Gewinnung von Kohle (Abb. 4) hatte sich der Abbau naturgemäß auf die

Vorkommen konzentriert, die besonders dicht unter der Erdoberfläche lagerten. In der Folgezeit mussten immer größere - als Abraum bezeichnete - Deckgebirgsmassen im Verhältnis zur geförderten Kohle abgetragen werden. Durch die Konzentration auf große Abbaufelder, neue Konzepte des Tagesbauzuschnitts und die Weiterentwicklung der Gerätetechnik ist es möglich, die Abraumbewegung kostengünstig durchzuführen und die Kohlepreise wettbewerbsfähig zu halten. (Schiffer 2002, S. 76-77)

2.3 Erdöl

Unter Erdöl werden alle unter Lagerstätten-Bedingungen (Abb. 5) flüssigen organischen Verbindungen verstanden, die zum Teil nach Entspannung und Abkühlung an der Erdoberfläche fest werden können. Sie bestehen aus einem Gemisch verschiedener Kohlenwasserstoffe in unterschiedlichen Verhältnissen und werden von Schwefel-, Sauerstoff-, Phosphor-, und Stickstoffverbindungen begleitet. Bei Erdöl liegt der Kohlenstoffgehalt bei etwa 79,5 % bis 88,5 %. Dazu kommt noch ein Wasserstoffanteil von etwa 10 % bis 15,5 % und Fremdstoffgehalte bis maximal 5%. (Pusch, Rischmüller, Weggen 1995, S.1)

Offshorebohrinsel

Abb. 5: Mehr als ein Drittel des Erdöls wird heute „offshore" gefördert. Diese Bohrinsel wird mit Schleppern zur Bohrstelle transportiert. (Microsoft Encarta 2003)

2.4 Erdgas

Erdgas ist ein Naturgas, das zusammen mit Erdöl entstanden ist und häufig zusammen mit Erdöl vorkommt. In einigen Lagerstätten liegen die Erdgasfelder auch getrennt vom Erdöl. Erdgas ist einer der wichtigsten Energielieferanten. Hauptbestandteil ist Methan mit einem Anteil von 80 bis 90 Prozent. (Microsoft Encarta 2005)

2.5 Die Gewinnung von Erdöl und Erdgas

Zur Förderung von Rohstoffen und Energieträgern aus der Erdkruste sind im Wesentlichen zwei Probleme zu lösen:

1. Die Lagerstätte ist aufzufinden, ihre Parameter sind zu bestimmen und unter Abwägung aller zugänglichen Daten ist die Möglichkeit ihrer Erschließung zu untersuchen.

2.   Die in den Lagestätten enthaltenen Rohstoffe sind wirtschaftlich zu fördern, d.h.
aus der Lagerstätte zu transportieren.

Zur Lösung dieser Aufgaben, speziell bei flüssigen und gasförmigen Medien, sind *Tief-bohrungen* unentbehrlich. Bohrungen zur Aufsuchung und Erkundung von Lagerstätten werden als *Aufschlussbohrungen*, Bohrungen, die der Förderung aus den Lagerstätten dienen, als *Produktionsbohrungen* bezeichnet. Erfolgreiche Aufschlussbohrungen werden durch geeignete Ausrüstung in Produktionsbohrungen umgewandelt. Bohrungen als Instrument der Erkundung und Gewinnung von Rohstoffen und Energie konkurrieren mit bergbaulichen Methoden und sind diesen unter wirtschaftlichen, verfahrensspezifischen und sicherheitstechnischen Aspekten in vielen Fällen überlegen. Mit der Erschließung immer tieferer Vorkommen und in unwirtschaftlichen Regionen, unter den Weltmeeren oder im ewigen Eis, gewinnt deshalb die *Tiefbohrtechnik* zunehmend an Bedeutung. (Pusch, Rischmüller, Weggen 1995, S. 59)

2.6   Transport fossiler Brennstoffe

Der Transport fester Brennstoffe erfolgt über weite, transkontinentale Entfernungen mit Schiffen und Eisenbahnen, über kürzere Entfernungen auch mittels Lastkraftwagen. Für flüssige und gasförmige Stoffe werden zusätzlich Pipelines benutzt.

Der relative Energie-Aufwand zum Transport von Kohle, Erdöl und Erdgas beläuft sich selbst über transkontinentale Entfernungen auf maximal einige wenige Promille,

Öltanker

Abb. 6: Öl wird weltweit mit Tankschiffen transportiert. Die meisten modernen Tankschiffe sind Supertankschiffe mit über 345 Meter Länge und einem Fassungsvermögen von über 200 Megatonnen Öl. (Microsoft Encarta 2003)

meist weniger, bezogen auf den Brennwert des transportierten Energieträgers. Der relative Gesamtaufwand an Energie zum Transport einschließlich der benötigen Energie für Bau und Betrieb der Transportmittel beläuft sich für Kohle und Erdöl auf etwa 1 Prozent, für Erdgas über transkontinentale Pipelines auf mehrere bis maximal etwa 10 Prozent bezogen auf den Brennwert der innerhalb der Lebensdauer der Transportmittel transportierten Menge des jeweiligen Energieträgers. (Heinloth 1996, S. 149)

2.7 Gebrauch und Vorkommen fossiler Brennstoffe

Kohle kommt fast überall auf der Welt vor. Wirtschaftlich bedeutende Lagerstätten gibt es in Europa, Asien, Australien und Nordamerika. Großbritannien, das bis zum 20. Jahrhundert führend in der Kohleförderung war, besitzt Lagerstätten im Süden von Schottland, England und Wales. In Westeuropa liegen wichtige Kohlereviere im Elsass, in Belgien und in Deutschland an Saar und Ruhr. Bedeutende Braunkohlevorkommen gibt es im Niederlausitzer Revier und bei Leipzig. In Mitteleuropa gibt es Lagerstätten in Polen, der Tschechischen Republik und in Ungarn. Das größte und wertvollste Kohlerevier in der ehemaligen Sowjetunion liegt im Donezbecken zwischen den Flüssen Dnjepr und Don. Weitere große Lagerstätten wurden in letzter Zeit auch im Kusnezker Becken in Westsibirien ausgebeutet. Bis zum 20. Jahrhundert kaum genutzt sind die Kohlefelder im Nordwesten Chinas. Sie zählen zu den größten der Welt.

Die drei führenden Erdölförderländer waren 2001: Saudi-Arabien mit 378,7 Millionen Tonnen (etwa 11 Prozent der Weltförderung), Russland mit 337 Millionen Tonnen (etwa 10 Prozent) sowie den USA mit 252,9 Millionen Tonnen (knapp 7,6 Prozent). Die O-PEC[4] förderte 2001 mit gut 1,2 Milliarden Tonnen etwa 38 Prozent der Gesamtmenge. Zum Vergleich: Deutschland förderte 3,4 Millionen Tonnen. Knapp ein Drittel der Gesamtfördermenge stammt aus dem Nahen Osten, etwa 15 Prozent aus Mittel- und Südamerika, gefolgt von rund 13 Prozent aus Nordamerika (Abb. 7) und gut 9 Prozent aus Europa (ohne Russland).

Die größten Erdgasvorkommen liegen in den USA in den Bundesstaaten Oklahoma und Kansas sowie am Golf von

Alaska-Pipeline

Abb. 6: Über die Alaska-Pipeline, die über 1 270 Kilometer von der Prudhoe Bay zum eisfreien Hafen Valdez verläuft, werden täglich bis zu zwei Millionen Barrel Rohöl befördert. (Microsoft Encarta 2003)

Mexiko in den Bundesstaaten Texas und Louisiana. Weitere bedeutende Erdgasfelder

---

[4] OPEC: Organization of the Petroleum Exporting Countries (Organisation Erdöl exportierender Staaten). Ca. 78 % der Welt-Erdölreserven entfallen auf diese Staatengruppe. (Leser 2005, S. 639)

besitzen Usbekistan sowie Russland östlich des Ural. Kleinere Felder liegen in Kanada und der Nordsee. Der größte Erdgaslieferant war 1996 die GUS mit einer Förderung von rund 673 Milliarden Kubikmetern, gefolgt von den USA mit etwa 573 Milliarden Kubikmetern und Kanada mit rund 164 Milliarden Kubikmetern. Größte europäische Förderländer sind die Niederlande (97 Milliarden Kubikmeter) und Großbritannien (87 Milliarden Kubikmeter). Insgesamt wurden 1996 weltweit etwa 2,255 Billionen Kubikmeter Erdgas gefördert. In den letzten Jahren hat der Bedarf an Erdgas stetig zugenommen, da die Rohstoffe Erdöl und Kohle in zunehmendem Maß durch Erdgas ersetzt werden. Insgesamt schätzt die UNO (siehe Vereinte Nationen) den gesamten Vorrat an Erdgas auf etwa 140 Milliarden Tonnen (1996). Legt man den derzeitigen Bedarf und die derzeitige Fördermenge zugrunde, wären die Vorkommen in rund 63 Jahren erschöpft.

(Microsoft Encarta 2005)

Erdöl ist bereits seit dem Altertum von vielen Nutzungsanwendungen bekannt. So wurde es als Zuschlag zur Herstellung von Ziegeln, als Klebemittel zur Verbindung von Werkzeugteilen und als Mittel zur Herstellung von wasserdichten Rundschiffen benutzt. Die Eignung als Schmiermittel sicherte dem Mineralöl einen wichtigen Platz in der Industrialisierung. Die Motorisierung, wie sie seit 1888 mit dem Patent-Motorwagen von Benz & Co ihren Lauf nahm, wäre ohne Erdöl nicht denkbar. Seit dieser Zeit wird Erdöl als Rohstoff für die Gewinnung von Treibstoffen, Schmiermitteln und Heizöl verstanden. Wegen der komplexen Zusammensetzung der Erdöle hat die chemische Industrie viele Verfahren entwickelt, durch die Erdöl zur Basis zahlreicher Kunststoffe wurde.

(Pusch, Rischmüller, Weggen 1995, S. 1, 3)

Erdgas ist einer der wichtigsten Energieträger. Nach der Förderung zusammen mit Erdöl wird Erdgas oftmals in ehemaligen, bereits abgebauten Gasfeldern gespeichert. Diese natürlichen Speicherräume haben in einigen Fällen ein Fassungsvermögen von bis zu einer Milliarde Kubikmeter. Steigende Bedeutung gewinnt Erdgas auch als Heizgas in privaten Haushalten. (Microsoft Encarta 2005)

Jahrhunderte lang wurde Torf als Brennstoff verwendet. Später verarbeitete man Torf und Braunkohle zu Ofenbriketts. In den USA haben beispielsweise Elektrizitätsversorgungsunternehmen einen Anteil von etwa 86 Prozent am gesamten Verbrauch an Steinkohle. An zweiter Stelle steht die Industrie. Für die Stahlerzeugung verwendet man Hüttenkoks (auch metallurgischer Koks). Koks ist ein fester, brennbarer Rückstand, der bei der Entgasung oder Verkokung (Erhitzung unter Luftabschluss) von Kohle zurückbleibt. Bei der Kokserzeugung fallen dabei eine Reihe von Nebenprodukten an, die zur Herstellung vieler anderer Produkte verwendet werden. Beispielsweise zählt Steinkohlenteer zu diesen wichtigen Nebenprodukten. Besonders im 20. Jahrhundert diente Kohle zur Erzeugung von Brenngas. Mit Hilfe der Kohleverflüssigung (Kohlehydrierung) lassen sich Treibstoffe und andere Flüssig-Brennstoffprodukte gewinnen. In zunehmendem Maß wurden diese Produkte aus den billigeren Rohstoffen Erdgas und Erdöl gewonnen und hergestellt. Auch die Weiterentwicklung der Petrochemie führte zunächst zur abnehmenden Nutzung von Kohle zur Brennstoffproduktion. In den achtziger Jahren erwachte in den USA und anderen Industrieländern ein neues Interesse an der Kohlevergasung und einer neuen, umweltfreundlichen Kohletechnik. Beispielsweise deckt die Republik Südafrika ihren gesamten Brennstoffbedarf durch Kohlevergasung. (Microsoft Encarta 2005)

2.8   Kapazität fossiler Brennstoffe

Nach einer 2000 aufgestellten Studie würden Reserven von 140 Milliarden Tonnen beim derzeitigen Verbrauchsvolumen knapp 40 Jahre reichen. Das ist allerdings nicht realistisch, da, so die Studie weiter, der Energieverbrauch in den kommenden Jahren zunehmen wird. In Fachkreisen erwartet fast niemand, dass billiges Erdöl durch Entdeckungen und Erfindungen über diesen Zeitraum hinaus zur Verfügung stehen wird. Öl kommt daher als zukunftsfähiger Energieträger auf keinen Fall in Frage. Die Schätzungen der Weltkohlereserven weichen stark voneinander ab. Nach Angaben des Weltenergierates überstiegen die abbaufähigen Weltreserven an Anthrazit, Stein- und Braunkohle Ende der achtziger Jahre über 1,2 Billionen Tonnen. Daran hat China einen Anteil von etwa 43 Prozent, die USA 17 Prozent, die ehemalige Sowjetunion 12 Prozent, Südafrika 5 Prozent und Australien 4 Prozent. In den letzten Jahren hat der Bedarf an Erdgas stetig zugenommen, da die Rohstoffe Erdöl und Kohle in zunehmendem Maß durch Erdgas ersetzt werden. Insgesamt schätzt die UNO den gesamten Vorrat an Erdgas auf etwa 140 Milliarden Tonnen (1996). Legt man den derzeitigen Bedarf und die derzeitige Fördermenge zugrunde, wären die Vorkommen in rund 63 Jahren erschöpft. (Microsoft Encarta 2005)

2.9   Verursachte Umweltprobleme und ihre Folgen

Kein anderes Umweltmedium ist von so offenkundig globaler Bedeutung wie die den Erdball umhüllende Atmosphäre, deren vielfältige ökologische Funktionen für die Menschheit sowie die Tier- und Pflanzenwelt überlebenswichtig sind. Sie stellt die Luft zum Atmen bereit und filtert das Sonnenlicht, das ohne diesen Filter schädlich wäre. Die Atmosphäre besteht ungefähr zu 78 Prozent aus Stickstoff, zu 21 Prozent aus Sauerstoff und zu nur einem Prozent aus einer Reihe von Spurengasen, die aber maßgeblich die klimatischen Bedingungen des Planeten bestimmen.

Dazu zählen unter anderem Kohlenstoffdioxid, Methan, Wasserdampf, Stickstoffoxid, Ozon und Fluorchlorkohlenwasserstoffe (FCKW).

Vor allem der aus der Verbrennung fossiler Rohstoffe - namentlich Erdöl, Kohle und Erdgas - resultierende Anstieg von Kohlenstoffdioxid in der Atmosphäre ist ursächlich für die allmähliche globale Erwärmung und den daraus resultierenden Klimawandel. Die Erwärmung der Erdatmosphäre bringt Wechselwirkungen mit zahlreichen Umweltproblemen mit sich und verschärft diese in aller Regel. (Bauer 2005, S.10,11)

Die globale Erwärmung kann zu verschiedenen Effekten führen, die wiederum erheblichen Einfluss auf Ökosysteme und menschliche Gesellschaften haben können. Dabei ist zu berücksichtigen, dass sich durch den Treibhauseffekt bedingte Temperaturerhöhungen nicht gleichmäßig vollziehen. Vor allem über den Landmassen der Kontinente werden die Temperaturen deutlicher steigen als über den Ozeanen. Als sehr wahrscheinlich gilt heute, dass folgende Veränderungen eintreten werden:

- Der Meeresspiegel steigt signifikant (durch die thermische Ausdehnung der Wassermassen sowie das Abschmelzen der Polarkappen),
- Gletscher schmelzen ab,
- die Extremtemperaturen erhöhen sich,
- Temperatursreizungen im Tagesverlauf vermindern sich,
- Niederschläge werden heftiger und
- Trockenzeiten werden länger, wodurch die Dürregefahr wächst.

(Matthes 2005, S. 22, 23)

Aktuell liegen die gesamten Treibhausgasemissionen bei etwa 38 Milliarden Tonnen jährlich. Mehr als 70 Prozent des gesamten Emissionsvolumens entfallen dabei auf Kohlendioxid und davon etwa zwei Drittel auf die CO_2-Emissionen aus der Verbrennung fossiler Energieträger. Die verbleibenden CO_2-Emissionen stammen vor allem aus Änderung der Landnutzung (Entwaldung in einigen Regionen der Erde) sowie bestimmten Industrieprozessen, wie der Herstellung von Zement und Kalk. Der Methan-Ausstoß repräsentiert etwa 20 Prozent der weltweiten Treibhausgasemissionen und wird vor allem durch die Landwirtschaft (Tierhaltung und Reisanbau) verursacht. Größere Methan-Emissionen kommen auch aus der Abfall- und Energiewirtschaft. Etwa zehn Prozent der gesamten Treibhausgasemissionen bestehen aus Lachgas, das überwiegend ebenfalls durch die Landwirtschaft (Bodenbewirtschaftung) verursacht wird. Die synthetischen Treibhausgase (HFKW, FKW, FCKW, SF_6) spielen im Vergleich zu den anderen Treibhausgasen noch keine wesentliche Rolle, doch auch sie werden durch das starke Emissionswachstum in der jüngsten Vergangenheit zum Problem - insbesondere wegen ihrer teilweise extrem langen Lebenszeit. (Matthes 2005, S. 24)

III. AUSBLICK

1. Alternativen

Alternative Energiequellen sind vor allem geothermische Energie, Sonnenenergie, Windenergie und die – wegen der weiterhin bestehenden Risiken sehr umstrittene – Kernenergie. Eine vorübergehende Alternative, die den Energiebedarf der modernen Welt decken könnte, bietet Kohle. Als Grundstoff für die Gewinnung von Kraftstoff ist zurzeit noch keine umfassende Alternative zum Erdöl in Sicht. (Microsoft Encarta 2005)

2. Wirtschaftspolitische Brisanz

Der Zenit des fossilen Zeitalters scheint erreicht. Derzeit stammen neun Zehntel des Energieverbrauchs in der Welt aus Kohle, Öl und Erdgas. Was die Natur im Laufe von jeweils einer Million Jahren mit Hilfe von Sonneneinstrahlung und Fotosynthese an Brennstoff angespart hat, verheizt die Menschheit in einem Jahr. Ein Durchschnitts-Deutscher verbraucht 20-mal mehr Energie als ein Durchschnitts-Inder. 24 Prozent der Weltbevölkerung konsumieren 70 Prozent der global zur Verfügung stehenden Energie. (http://www.spiegel.de/spiegel/21jh/0,1518,79306,00.html)

Betrachtet man die aktuellen Entwicklungen, so ist mit Sorge zu beobachten, dass Deutschland zwar in einigen Jahrzehnten den Atomausstieg vollbracht haben wird, an-dere Länder allerdings erst auf den Geschmack der Kernenergie kommen. Im Atom-streit mit dem Iran, der die Kernenergie zu „friedlichen Nutzung einsetzten will", haben westliche Staaten die Sorge, der Iran könne die Kernenergie zur Herstellung atomarer Waffen nutzen:

IAEO gibt Teheran einen Monat Zeit

Der Generaldirektor der Internationalen Atomenergie-Organisation hat Iran aufgefordert, alle Aktivitäten zur Urananreicherung wieder einzustellen, um mögliche Reaktionen des Weltsicher heitsrats zu vermeiden.

„Iran hat einen Monat Zeit", sagte der IAEO-Chef am Donnerstag am Rande der Dringlichkeitssitzung des IAEO-Gouverneursrats in Wien. Bei dem Atomstreit mit Iran handele es sich im übrigen „um eine kritische Situation und noch keine Krise". Gegenwärtig gehe von Iran „keine akute Bedrohung aus".

(http://focus.msn.de/hps/fol/newsausgabe/newsausgabe.htm?id=24441)

IV. QUELLEN

1. Literaturquellen

BADISCHE NEUESTE NACHRICHTEN (BNN) (^{3}2006): Deutschlands Energie-Mix. 61. Jg. 4. Januar. S. 3.

BAUER, Steffen: Umweltpolitische Herausforderungen. In: Bundeszentrale für politische Bildung (2005): Informationen zur politischen Bildung. Nr. 287. S.10,11. München.

GÖTZ, Hans-Peter (^{4}2002): Physik. Berlin.

HEINLOTH, Klaus (^{2}1996): Energie und Umwelt: klimaverträgliche Nutzung von Energie. Stuttgart, Zürich.

HEINLOTH, Klaus (1997): Die Energiefrage: Bedarf und Potentiale, Nutzung, Risiken und Kosten. Braunschweig, Wiesbaden.

LESER, Hartmut (^{13}2005): Diercke Wörterbuch Allgemeine Geographie. München.

MATTHES, Christian Felix: Klimawandel und Klimaschutz. In: Bundeszentrale für politische Bildung (2005): Informationen zur politischen Bildung. Nr. 287. S. 22-24. München.

MEYERS LEXIKONVERLAG (2005): Harenberg Aktuell 2006. Das Jahrbuch 2006. Daten Fakten. Hintergründe. Mannheim.

PUSCH, Günter / RISCHMÜLLER, Heinrich / WEGGEN, Klaus (1995): Die Energierohstoffe Erdöl und Erdgas: Vorkommen- Erschließung- Förderung. Berlin.

SCHIFFER, Hans-Wilhelm (^{8}2002): Praxiswissen aktuell: Energiemarkt Deutschland. Köln.

2. Internetquellen

http://de.wikipedia.org/wiki/Kernkraftwerk [02.02.2006]

http://focus.msn.de/hps/fol/newsausgabe/newsausgabe.htm?id=24441 [02.02.2006]

http://www.bmu.de/atomenergie/doc/2708.php [02.02.2006]

http://www.gettyimages.de [30.01.2006]

http://www.spiegel.de/spiegel/21jh/0,1518,79306,00.html [12.10.2003]

3. Multimediaquellen – CDs/DVDs

BIBLIOGRAPHISCHES INSTITUT & F. A. BROCKHAUS AG (2005): Der Brockhaus multimedial 2005. Mannheim.

MICROSOFT ENCARTA (2003): Enzyklopädie Professional. 1993-2002 Microsoft Corporation.

MICROSOFT ENCARTA (2005): Enzyklopädie Professional. 1993-2002 Microsoft Corporation.